SUR L'IDENTITÉ

DE LA CHALEUR

ET DE LA LUMIÈRE

PAR M. ABRIA

Doyen et Professeur de Physique de la Faculté des Sciences de Bordeaux,
Membre correspondant de la Société Philomathique de Paris,
Membre de l'Académie des Sciences, Belles-Lettres et Arts de Bordeaux, de la Société
des Sciences physiques et naturelles de la même ville.

De la part de l'auteur Nov. 1866
Montégeau,

BORDEAUX

G. GOUNOUILHOU, IMPRIMEUR DES FACULTÉS.
11, RUE GUIRAUDE, 11.

1866

SUR L'IDENTITÉ

DE LA CHALEUR

ET DE LA LUMIÈRE

PAR M. ABRIA

Doyen et Professeur de Physique de la Faculté des Sciences de Bordeaux,
Membre correspondant de la Société Philomathique de Paris,
Membre de l'Académie des Sciences, Belles-Lettres et Arts de Bordeaux, de la Société
des Sciences physiques et naturelles de la même ville.

BORDEAUX

G. GOUNOUILHOU, IMPRIMEUR DES FACULTÉS,
11, RUE GUIRAUDE, 11.

1866

DE LA CHALEUR ET DE LA LUMIÈRE

———

Les diverses branches de la physique expérimentale ont été, depuis un demi-siècle, l'objet de recherches théoriques amenées par les progrès de la science, recherches qui ont conduit à la découverte de relations aussi curieuses en elles-mêmes qu'importantes par leurs conséquences. On ne s'est pas attaché seulement à mieux connaître chaque classe de phénomènes, on s'est efforcé d'approfondir ceux qui établissent la transition d'une classe à l'autre, qui permettent de passer du mouvement à la chaleur, de celle-ci à l'électricité ou à la lumière. C'est aux travaux entrepris dans cette direction que nous devons plusieurs des découvertes dont la science s'est enrichie dans ces dernières années, et qui ont donné naissance à la corrélation des forces physiques et à l'explication plus rationnelle de faits compliqués, dans lesquels plusieurs de ces forces agissent simultanément.

Il m'a paru qu'il ne serait pas sans intérêt de résumer celles des recherches récentes qui conduisent à des conséquences bien établies et généralement adoptées sur la connexion des diverses forces auxquelles sont soumises les molécules des corps. Le sujet serait beaucoup trop vaste si je le traitais dans son ensemble ; il vaut mieux le restreindre, et se borner à l'envisager sous un seul point de vue.

Parmi les agents auxquels sont dus les phénomènes que nous observons ou que nous pouvons reproduire à volonté, il en est deux dont les propriétés présentent des analogies évidentes, constatées surtout depuis une trentaine d'années, et d'où découlent des conclusions importantes sur leur origine et sur les conditions dans lesquelles ils prennent naissance. De plus, ces deux agents, la chaleur et la lumière, présentent cette particularité remarquable qu'ils s'accompagnent presque constamment, et que si la source d'où ils émanent augmente graduellement d'intensité, on voit apparaître en premier lieu les phénomènes de chaleur auxquels ceux de lumière viennent bientôt s'ajouter. Ainsi, tous les corps qui sont le siége d'actions chimiques énergiques, le charbon, l'hydrogène, le soufre, le fer, lorsqu'ils se combinent soit avec l'oxygène, soit avec le chlore; tous ceux qui sont traversés par un courant électrique suffisamment intense, tels que des fils métalliques ou deux cônes de charbon interposés entre les pôles d'une forte pile; tous ceux enfin qui, par une cause quelconque, sur laquelle nous ne pouvons même dans certains cas émettre que des conjectures, dans celui du soleil et des étoiles, par exemple, sont amenés à un semblable état; tous ces corps, dis-je, jouissent de la propriété de lancer à la fois des rayons lumineux et calorifiques, d'être la source de radiations capables d'exercer sur nos organes deux sensations bien distinctes, perçues: l'une par tous les points de la surface du corps, l'autre uniquement par un organe spécial. La sensation de chaleur peut être en effet ressentie par la plupart des nerfs, qui, partant de l'axe cérébro-spinal, aboutissent aux diverses régions de l'épiderme; un seul, le nerf optique, jouit de la propriété de transmettre la sensation de lumière.

Si la lumière et la chaleur se distinguent nettement l'une de l'autre par la différence des impressions qu'elles produisent sur nos sens, les actions qu'elles exercent sur les corps de la nature ne permettent pas non plus de les confondre. Sous l'influence de la chaleur, la plupart des substances éprouvent des variations de volume très sensibles, suivies quelquefois de changements d'états non moins remarquables. Sous celle de la lumière, le chlore et l'hydrogène s'unissent pour former l'acide chlorhydrique; les sels d'argent, et en général les substances employées aujourd'hui dans la photographie, éprouvent des modifications qui leur permettent de subir des réactions auxquelles elles se refusaient primitivement. Si la sensibilité de l'organe de la vue a été pour nous le moyen le plus commode et le plus sûr de découvrir les propriétés de la lumière, la production des courants thermo-électriques dans les métaux nous a permis de vérifier les lois de la chaleur, de nous assurer qu'elles sont analogues à celles de la lumière, et que le mode de production des deux agents est certainement le même.

Les sources de lumière étant en même temps des sources de chaleur, les deux agents s'accompagnant l'un l'autre presque constamment, jouissant de propriétés presque identiques, se propageant à travers les milieux, se réfléchissant à leur surface, se réfractant dans leur intérieur suivant les mêmes lois, donnant naissance à des phénomènes tellement semblables que la vérification des propriétés de rayons de chaleur analogues à celles des rayons de lumière se réduit en général à remplacer l'œil par un appareil sensible aux effets thermiques, on est amené à se demander non seulement si le mode de production des deux classes de phénomènes est le même, mais encore s'il n'y a pas identité complète entre les deux agents; si ce qui produit sur l'organe de la vue la sensation de lumière, n'est pas aussi ce qui nous occasionne sur les autres parties du corps la sensation de chaleur; si l'agent qui détermine certaines combinaisons chimiques,

n'est pas aussi celui qui dilate les corps et les fait changer
d'état, et s'il est possible de se rendre compte, dans cette
hypothèse, des analogies et des différences que présentent les
propriétés des corps soumis à l'action, soit de la lumière, soit
de la chaleur. Cette question a été étudiée par plusieurs
physiciens depuis un certain nombre d'années : indépendam-
ment de l'intérêt qu'elle présente par elle-même, elle touche
à plusieurs points de la philosophie naturelle. J'ai pensé que
l'Académie écouterait avec quelque intérêt un exposé succinct
des travaux entrepris à ce sujet et des résultats auxquels on
est parvenu. L'exposition que j'essaie aujourd'hui de lui en
présenter, me permettra de faire connaître l'état de la science
sur ce point spécial et sur quelques autres qui s'y rattachent
intimement.

I

Nos connaissances sur le mode de production de la lumière
sont assez avancées : les nombreux phénomènes de l'optique,
les travaux dont ils ont été l'objet, les conséquences curieuses
auxquelles on est arrivé, en se laissant guider par la théorie,
rendent extrêmement probable aujourd'hui, pour ne pas dire
certain, que les corps lumineux par eux-mêmes doivent cette
propriété à un mouvement vibratoire extrêmement rapide
dont sont animées leurs dernières particules. On a de la peine
à se former une idée de la rapidité d'un mouvement qui,
dans une seule seconde de temps, fait osciller les atomes
lumineux six cent mille billions de fois de part et d'autre de
leur position d'équilibre, et qui peut se propager en conservant le même caractère à travers un très grand nombre de
substances. La réalité de ce mouvement n'est mise en doute
aujourd'hui par aucun physicien. Les vérifications nombreuses
auxquelles a été soumis le principe fondamental de la théorie
des ondes, et qui ont porté non pas seulement sur les phé-

nomènes envisagés d'une manière générale, mais surtout sur les conséquences numériques que l'observation pouvait aborder, forment un faisceau de preuves que l'on est loin de rencontrer dans d'autres branches de la science. Il n'est pas inutile d'en faire ici l'exposé rapide.

Le phénomène capital au point de vue théorique est assurément celui des interférences, c'est à dire de l'accroissement ou de la diminution d'intensité qui peut résulter de la rencontre en un même point de deux rayons de lumière; la coloration des lames minces en offre de nombreux exemples, déjà connus du temps de Newton, et étudiés par ce grand physicien et par ses successeurs. Mais c'est surtout à Fresnel que l'on doit d'avoir mis en évidence par des expériences simples et à l'abri de toute objection cette propriété remarquable de la lumière. Les applications qu'on en fait à la production des couleurs dans le cas des lames minces, soit par réflexion, soit par réfraction, et dans celui de certaines lames épaisses, sont assez simples pour être parfaitement comprises presque sans calcul, et sont par cela même très propres à porter dans l'esprit une conviction pleine et entière.

Une autre expérience très remarquable et décisive au point de vue de la théorie, est celle dont le principe fut exposé en 1839 par Arago, mais qui ne fut réalisée expérimentalement que quelques années plus tard par MM. Fizeau et Foucault. Si la lumière se propage par ondes, sa vitesse de propagation doit être moindre dans l'eau que dans l'air ou dans le vide, et doit en général diminuer à mesure qu'augmente le pouvoir réfringent de la substance qu'elle traverse. Imaginée pour trancher définitivement le choix à faire entre les deux théories corpusculaire et ondulatoire qui se partageaient encore l'assentiment des physiciens, cette expérience a conduit à la mise en pratique de procédés qui permettent de mesurer la

vitesse avec laquelle la lumière parcourt de très petits inter-
valles. Quand on songe que cette vitesse est de 298,000
kilomètres par seconde, on a de la peine à comprendre
comment on a pu obtenir avec une approximation suffisante
la mesure du temps presque inappréciable employé par la
lumière pour parcourir un espace de quelques mètres seulement, et cependant l'exactitude des expériences ne peut être
révoquée en doute.

Les preuves les plus convaincantes en faveur du mouvement vibratoire des corps lumineux sont tirées surtout de
l'exactitude avec laquelle on rend compte dans cette hypothèse de tous les accidents, de toutes les modifications que
nous offrent les rayons de lumière. Plusieurs fois la théorie
a révélé des propriétés que l'expérience n'avait pas encore
dévoilées et qu'elle a pleinement confirmées. Ainsi, dans le
Mémoire de Fresnel sur la diffraction de la lumière, Mémoire
où se trouvent consignées les formules qui permettent d'ap-
pliquer le calcul à ce genre de phénomènes, cet illustre
physicien avait négligé d'examiner la conséquence à laquelle
elles conduisaient dans un cas remarquable, celui d'un disque
opaque placé dans un mince filet de lumière. Poisson, qui
était loin d'être partisan de la doctrine ondulatoire, remarqua
que, d'après le calcul, le centre de l'ombre devait être aussi
lumineux que si l'écran n'existait pas. L'expérience tentée
presque immédiatement par Arago fut couronnée d'un succès
complet.

La propagation du mouvement dans les substances cris-
tallisées présente dans certaines circonstances des particula-
rités qui n'ont été connues d'une manière complète que par
l'étude approfondie de l'équation à laquelle conduit le calcul,
équation donnée pour la première fois par Fresnel, qui se
contenta de la discuter d'une manière générale, et qui mourut
quelques années après sans connaître les conséquences

curieuses qu'on pouvait en déduire. La discussion de cette
équation, effectuée un peu plus tard par un géomètre irlan-
dais, M. Hamilton, révéla qu'un rayon de lumière, pénétrant
de l'air ou du vide dans un cristal sous certaines incidences,
devait s'épanouir en une infinité de rayons distribués sur
une surface conique ; et que dans d'autres directions un rayon
unique sortant du cristal devait présenter au contraire dans
le vide ou dans l'air une infinité de rayons distribués de
même sur la surface d'un cône. Le mode de section du cristal,
l'incidence des rayons sur la surface, les précautions à pren-
dre, forment un ensemble de conditions qu'on n'aurait
probablement pas découvertes si le calcul n'avait servi de
guide. La vérification de cette propriété remarquable constitue
l'une des meilleures preuves de la réalité du mouvement
ondulatoire qui donne naissance à la lumière.

Cette conséquence est corroborée par des phénomènes du
même ordre, mais d'apparences bien différentes, découverts
par Arago dans le cristal de roche, par Biot et Seebeck dans
certains liquides d'origine organique, tels que l'essence de
térébenthine et les dissolutions sucrées, phénomènes connus
sous le nom de *polarisation circulaire,* d'où est sortie un peu
plus tard la polarisation elliptique. La théorie des ondes,
appliquée ici par Fresnel avec le même bonheur, en donne
une explication parfaitement satisfaisante, et a conduit cet
illustre physicien à la découverte d'une espèce particulière
de double réfraction, de la double réfraction circulaire, qui
prend naissance lorsque la lumière se propage dans certaines
substances, et en particulier suivant l'axe du cristal de roche.
Une conséquence remarquable du raisonnement à l'aide
duquel on rend compte de ces phénomènes curieux, conséquence parfaitement vérifiée du reste par l'observation, est
que leur manifestation peut être rendue évidente lorsqu'il
existe une faible différence entre les vitesses de deux rayons

qui traversent le corps simultanément. Cette différence n'est
en effet dans le quartz que de $\frac{1}{50\,000}$, et suffit pour séparer
nettement l'un de l'autre les deux rayons primitifs.

Les raisons qu'apportent les physiciens en faveur de l'existence du mouvement vibratoire extrêmement rapide dont
sont douées les dernières particules des corps lumineux, sont
véritablement assez puissantes pour entraîner l'assentiment de
tout esprit raisonnable et pour lui faire admettre sans hési-
tation dans ces corps un état dont nos organes seuls seraient
impuissants à constater directement l'existence. Mais avant
d'examiner si ces conséquences peuvent s'étendre aux corps
chauds et si nous devons de même conclure que la chaleur
est due à des ondulations, il est nécessaire de faire connaître
avec plus de détails en quoi consiste ce mouvement des corps
lumineux.

La lumière émanée du soleil et des corps portés à une très
haute température est en général formée de la réunion de
lumières de teintes diverses, et chacune d'elles provient de
vibrations d'une durée spéciale, variable d'une teinte à
l'autre : ces rayons de lumière, ou, ce qui revient au même
pour nous, ces mouvements de durées diverses, peuvent être
séparés les uns des autres, soit par la réfraction à travers un
ou plusieurs prismes, soit par leur transmission à travers des
milieux colorés. En considérant les rayons extrêmes, le
nombre de vibrations par billionièmes de seconde varie de
4 26700 — qui répond au rouge à 8 88900 — qui correspond
au violet : ainsi, les corps lumineux sont le siége non pas
d'un mouvement unique, mais bien de mouvements vibratoires de durées très distinctes, qui coexistent dans le corps
sans se confondre, et dont les durées extrêmes sont à peu près
dans le rapport de deux à un. Cette multitude de vibrations
que nous sommes obligés d'admettre dans les substances
lumineuses, est un fait avec lequel l'esprit a besoin de se

familiariser lorsqu'il veut se former une idée aussi nette que possible du phénomène. Elle tient au grand nombre de molécules vibrantes, et dépend aussi certainement des conditions auxquelles elles se trouvent soumises, c'est à dire de la constitution même du corps.

Ces divers mouvements ne sont pas tous, en effet, de même amplitude : les atomes vibrants, dont les masses sont très probablement différentes de l'un à l'autre, s'écartent de plus inégalement de leurs positions d'équilibre, et le choc communiqué par chacun d'eux au nerf optique, à l'aide des milieux interposés, dépend de la masse et de la vitesse intiales. De là résultent des variations d'intensité dans la lumière émise par chacun d'eux, lorsque cette lumière est décomposée par son passage à travers un prisme qui la sépare en ses divers éléments. Pour certaines substances et dans certaines conditions, pour le sodium en particulier, le mouvement est presque unique, isochrone pour tous les points du corps, et donne une lumière dont les longueurs d'ondulation, intimement liées avec les durées des vibrations elles-mêmes, ne varient qu'entre des limites très restreintes. Mais pour la plupart des sources lumineuses, les durées des mouvements vibratoires sont multiples, leurs intensités sont de plus inégales, et c'est sur cette propriété qu'est fondée la méthode d'analyse spectrale introduite dans la science par MM. Kirchoff et Bunsen.

Les vibrations qui produisent la lumière ne sont pas réfléchies en général en même proportion par les milieux qu'elles rencontrent. Les substances incolores n'altérant pas, dans l'acte de la réflexion, la couleur du faisceau lumineux, renvoient des fractions égales de chacun des mouvements élémentaires qui le constituent. La même chose a lieu pour les surfaces blanches; mais cette égalité dans la réflexion cesse pour les corps qui possèdent une couleur propre;

ceux-ci réfléchissant en plus grande abondance les rayons de même couleur, laissent pénétrer les autres plus facilement dans l'intérieur de leur masse.

Dans le cas des substances incolores, on a pu trouver, par des considérations théoriques, une relation vérifiée par l'expérience entre la quantité de lumière réfléchie sous une incidence donnée, et l'indice de réfraction de la substance, c'est à dire le rapport qui existe entre les vitesses de propagation du mouvement lumineux dans le milieu extérieur et dans celui sur lequel arrive la lumière. Cette relation, d'une extrême importance, nous sera, ainsi que nous le verrons plus loin, fort utile lorsque nous aurons à comparer l'une à l'autre la chaleur et la lumière.

De plus, ces mêmes mouvements ne se transmettent pas intégralement à travers un milieu donné; les uns le traversent sans changer d'intensité; les autres, au contraire, sont affaiblis dans une proportion plus ou moins considérable, quelquefois même complètement absorbés. Ainsi, un verre rouge laisse passer sans grande altération les vibrations particulières, dont la longueur d'onde est d'à peu près six à sept dixièmes de millième de millimètre, et éteint complètement toutes les autres, lesquelles modifient très probablement le mouvement de ses molécules. En général, un corps transmet sans perte les ondes qui lui donnent sa couleur propre lorsqu'on le voit par transmission, et arrête les autres; les ondes bleues seules peuvent traverser une solution de sulfate de cuivre; les ondes jaunes et vertes sont éteintes par une dissolution de permanganate de potasse, qui n'arrête point les rayons extrêmes bleus et rouges. La transparence pour certains rayons n'entraîne pas, comme conséquence, la transparence pour les autres, et cela à cause de la grande diversité des mouvements qui coexistent dans la source lumineuse, et se propagent sans se confondre. La sensation seule est la résultante de toutes les impressions exercées sur le nerf optique par chacun d'eux, blanche lorsque toutes coexistent et ont été transmises jusqu'à l'organe sans altération, autrement composée lorsque quelques-unes seulement peuvent arriver jusqu'à lui.

Nous sommes donc autorisés à conclure, dans l'état actuel de la science, que les atomes des corps lumineux sont animés de mouvements vibratoires extrêmement rapides, variables des uns aux autres en durée et en énergie, ou, ce qui revient au même, en amplitude, se transmettant de la source lumineuse aux autres milieux, en conservant la même durée, mais en éprouvant, dans leur intensité, un affaiblissement qui dépend de la nature du milieu lui-même et de la durée du mouvement vibratoire. La communication de ces mouvements au nerf optique détermine la sensation, dont la nature dépend du nombre et de l'énergie des mouvements élémentaires.

II

La chaleur est due aussi à un mouvement vibratoire. Cette assertion repose surtout sur les analogies nombreuses qui existent entre la chaleur et la lumière et sur quelques preuves directes, preuves auxquelles il est difficile cependant, dans l'état actuel de la science, de donner toute l'étendue et toute la rigueur qu'on serait en droit d'exiger. La sensibilité de l'organe de la vue, la netteté avec laquelle on peut, en s'aidant d'instruments d'un grossissement convenable, distinguer les plus petits détails, ont contribué sans aucun doute aux progrès de l'optique. Nous manquons d'un organe analogue pour la chaleur; il nous est impossible d'apercevoir les images calorifiques comme nous apercevons les images lumineuses, et nous sommes obligés de suppléer à cette imperfection de nos sens par l'emploi d'appareils thermométriques, dont les plus perfectionnés ne nous permettent que d'analyser des phénomènes d'une certaine énergie, les essais tentés jusqu'à présent pour nous doter de moyens capables de nous faire étudier des rayons calorifiques d'une ténuité comparable à celle des rayons lumineux ayant toujours échoués. Mais si nous passons en revue les vérifications faites depuis un certain nombre d'années de plusieurs phénomènes calorifiques analogues à ceux que nous offre la lumière, nous ne pourrons nous empêcher de conclure à l'analogie de la cause qui donne naissance aux uns et aux autres.

Des sources calorifiques sur lesquelles portent nos expériences, les unes émettent à la fois de la chaleur et de la lumière : tels sont le soleil, un corps porté à l'incandescence, soit par une combustion vive ou tout autre phénomène chimique, soit par un courant électrique; les autres n'envoient autour d'elle que de la chaleur : c'est le cas des corps chauffés au dessous du rouge, dont la température ne dépasse pas 600°. En étudiant les premières, on a pu reconnaître que les rayons calorifiques jouissent de propriétés analogues à celles des rayons lumineux concomitants. Ainsi, ils peuvent interférer, c'est à dire donner naissance, par suite de leur rencontre mutuelle, à des variations périodiques d'intensité; ils éprouvent la double réfraction, la polarisation rectiligne, la polarisation rotatoire moléculaire et magnétique. De ces divers phénomènes, le premier seul peut être considéré comme apportant une preuve directe en faveur de l'existence du mouvement ondulatoire qui constitue la chaleur; les autres prouvent, à n'en pouvoir douter, que les modifications offertes par les rayons de lumière se retrouvent quelquefois, jusque dans leurs valeurs numériques, dans les rayons de chaleur qui les accompagnent. Il est probable que s'il était possible d'opérer sur des faisceaux calorifiques extrêmement déliés, on pourrait pousser cette vérification beaucoup plus loin. Mais dans l'état actuel de la science, il est certainement permis de conclure que si nous ne trouvons pas identité complète dans les séries de propriétés des deux agents, il faut en attribuer la cause à l'insuffisance de nos procédés d'expérimentation ; et quoique ces propriétés n'aient été vérifiées que pour la chaleur des sources lumineuses, celle des sources obscures n'ayant pu jusqu'ici, à cause de sa faible intensité, permettre les vérifications analogues, nous pouvons, en nous fondant principalement sur l'induction, établir la similitude du mode de production des deux agents.

D'autres propriétés, importantes comme celle que nous venons de rappeler au point de vue théorique, ont pu être vérifiées non seulement sur la chaleur des sources lumineuses, mais aussi sur celle des sources obscures. Elles ont été étudiées surtout par Melloni, et sont relatives, soit à la réflexion, soit à la transmission des rayons calorifiques.

Ces rayons se réfléchissent, en effet, comme les rayons lumineux; mais de plus on peut mesurer avec assez de précision la quantité de chaleur réfléchie par une substance; or, quand on compare les proportions de chaleur et de lumière concomitante réfléchie par certains corps, on trouve des nombres presque identiques. Sur 100 rayons, par exemple, pris dans la partie rouge d'un spectre solaire, on obtient : pour le nombre de ceux qui sont réfléchis par une plaque de laiton, 72 rayons lumineux et 75 calorifiques; pour ceux de la partie verte, 62 rayons lumineux et 63 calorifiques. Cette égalité conduit, comme nous le verrons plus loin, à des conséquences importantes.

On a pu reconnaître, en outre, que les rayons de chaleur diffèrent les uns des autres par une qualité tout à fait analogue à la couleur dans les rayons de lumière. Seulement, comme nous ne possédons pas d'organe spécial remplissant pour la chaleur la fonction dévolue à l'œil dans l'acte de la vision, et que nous ne pouvons, par suite, nous assurer par nos sens de l'existence d'images de chaleur diversement colorées, vérification qui nous est si aisée pour les images lumineuses, on y a suppléé par des mesures d'intensité, conduisant du reste sans incertitude aux mêmes consé-quences.

Il faut, pour les bien comprendre, s'aider presque cons-tamment des apparences offertes par les rayons lumineux. Concevons donc une série de flammes diversement colorées et faisons traverser à la lumière qu'elles émettent différentes substances, taillées si elles sont solides en plaques parallèles, renfermées si elles sont liquides ou gazeuses dans des auges ou des tubes terminés également par de semblables plaques. Une plaque incolore, de verre, d'eau ou d'autre nature, déterminera dans la lumière transmise un affaiblissement qui sera le même pour toutes les sources lumineuses ; mais les substances colorées se laisseront traverser par des faisceaux d'intensités variables avec leur coloration propre et celle des rayons qu'elles transmettent. Ainsi, les flammes rouges seront vues très nettement à travers un verre rouge, et paraî-tront noires au contraire à travers un verre bleu ; l'inverse aura lieu pour les flammes bleues, dont la lumière transmise à travers un verre bleu sera très intense, et presque nulle au contraire si l'on se sert d'un verre rouge ou jaune.

Remplaçons maintenant nos flammes diversement colorées par plusieurs sources de chaleur, obtenues par exemple en élevant un métal à des températures croissantes, depuis 400° ou 500° jusqu'à celle de l'incandescence, et analysons à l'aide de nos procédés thermométriques les modifications qu'éprouveront les flux de chaleur qui en émanent en tra-versant nos diverses substances. Celles qui agiront sur la chaleur, comme le verre blanc, l'eau, etc., sur la lumière, se reconnaîtront à ce caractère qu'elles feront éprouver aux faisceaux calorifiques, quelle que soit la source qui leur aura donné naissance, le même affaiblissement ou la même réduction de leur intensité primitive. Parmi tous les corps essayés, un seul, le sel gemme, jouit de cette propriété qui en rend l'emploi précieux dans toutes les recherches sur le calorique rayonnant. Les autres corps solides ou liquides essayés jusqu'ici déterminent un affaiblissement variable d'une substance à l'autre et qui n'est pas non plus le même pour les rayons de chaleur émanés de différentes sources. Ainsi, le verre ordinaire transmet un sixième environ de la chaleur rayonnée par une lame de cuivre chauffée à 400° du thermomètre centigrade, près d'un quart de celle qu'envoie le platine incandescent et les deux cinquièmes du faisceau calorifique envoyée par une lampe Locatelli. La chaleur émise par la source lumineuse traverse deux plaques, l'une de chromate de potasse, et l'autre de tourmaline dans le rapport de deux à un, et ce rapport devient au contraire de cinq à l'unité pour la chaleur envoyée par la source obscure. On peut donc, à l'aide des mesures d'intensité, constater que les rayons calorifiques sont transmis en proportions différentes à travers la même substance suivant la source qui les émet, comme cela aurait lieu pour des rayons lumineux provenant de flammes diversement colorées, et, de plus, que la nature de la substance interposée sur le trajet des rayons exerce une influence marquée sur l'intensité des faisceaux transmis, comme on le vérifierait aussi avec des plaques de teintes différentes placées successivement sur le trajet des rayons émis par diverses sources de lumière.

Cette propriété des rayons de chaleur a reçu le nom de *diathermansie* ou de *coloration calorifique,* et peut être vérifiée encore par d'autres expériences qu'il est bon de rappeler.

Transmettons les rayons de chaleur émanés d'une source à travers un prisme de sel gemme. Si la source émet de la lumière, il y aura dispersion de celle-ci, et il se formera un spectre lumineux. La chaleur sera aussi réfractée comme elle, et il y aura également un spectre calorifique. Nous aurons donc dans les mêmes régions de l'espace des rayons lumineux et des rayons calorifiques, et nous pourrons, en nous laissant guider par l'analogie, distinguer des rayons de chaleur rouges, verts, bleus, comme les rayons de lumière correspondants. Si nous interposons diverses substances sur le trajet de ces faisceaux séparés les uns des autres par la réfraction, la teinte *calorifique* de chacune d'elles se reconnaîtra aisément à la manière dont elle se comportera avec chacun des faisceaux que renferme le spectre, celles qui possèdent la teinte calorifique rouge, par exemple, laissant passer les rayons les moins réfrangibles en très grande abondance, et étant au contraire opaques pour les faisceaux les plus rapprochés de l'autre extrémité du spectre calorifique.

En combinant les résultats des diverses observations faites jusqu'à présent, on peut dire quelle est la teinte prédominante pour la chaleur d'un certain nombre de substances. Le sel gemme est de tous les corps examinés le seul qui soit sensiblement incolore pour la chaleur, qui se comporte avec les divers rayons calorifiques comme le verre, l'eau, l'alcool avec les rayons lumineux de teintes diverses. Il paraît cependant qu'il absorbe une proportion très faible, mais sensible, des rayons les moins réfrangibles.

Cette teinte, en nous servant pour la chaleur des expressions employées pour la lumière, expressions qui nous permettent de nous former une idée plus nette des phénomènes, se retrouve dans un certain nombre de substances. Le rouge domine dans le soufre, le spath fluor, les dissolutions de chromate neutre et de bi-chromate de potasse, de sulfate, d'indigo très étendue, le noir de fumée et surtout le bi-sulfure de carbone renfermant de l'iode en dissolution. Parmi les liquides verts et bleus pour la chaleur, se rencontrent des solutions de sulfate de fer, l'eau pure ou renfermant du sulfate de cuivre, l'alun, etc. Les nombreuses recherches faites jusqu'ici sur la thermochrose des différents corps n'ont pu faire découvrir qu'une substance diathermane, c'est à dire perméable par tous les rayons calorifiques indistinctement : c'est le sel gemme qui présente encore une faible coloration. Il est remarquable assurément qu'il existe un si grand nombre de substances incolores pour la lumière, et qu'on n'en ait rencontré qu'une seule présentant pour la chaleur des propriétés analogues. Cette absence de substances *athermochroïques* (expression proposée par Melloni pour désigner les substances incolores pour la chaleur), rend difficile l'étude des propriétés du rayonnement calorifique, les cristaux de sel gemme n'étant pas très répandus.

Parmi les substances dont la thermochrose, c'est à dire l'action sur les rayons calorifiques d'espèces diverses, nous intéresse le plus, il en est qui méritent un examen particulier : ce sont celles qui constituent les divers milieux de l'œil, la cornée transparente, l'humeur aqueuse, le cristallin et l'humeur vitrée. Il est important de savoir comment ils se comportent sur les rayons de chaleur qui se présentent pour arriver jusqu'à la rétine, et dans quelle proportion ceux-ci sont absorbés ou transmis.

Des expériences très précises de M. Janssen, il résulte que sur 100 rayons de chaleur émis par une lampe modérateur, 4 environ sont réfléchis par la cornée transparente, 88 sont absorbés par elle et par les divers milieux de l'œil compris entre la cornée et la rétine, 8 seulement arrivent jusqu'à celle-ci. Leur thermochrose est du reste la même que celle de l'eau pure, laquelle absorbe en très grande abondance les rayons les moins réfrangibles, et ne se laisse traverser que par ceux qui accompagnent la lumière de faible réfrangibilité, c'est à dire la lumière bleue; mais il importe de noter qu'ils arrivent sur la rétine en quantité sensible et mesurable à nos instruments thermométriques. Lorsque notre œil est placé devant une source de chaleur lumineuse, la rétine ne reçoit en réalité que très peu des rayons les moins réfrangibles, et une proportion plus considérable, quoique toujours très petite, relativement à la quantité totale, de ceux dont la réfrangibilité est peu différente de celle des rayons lumineux émis par la source.

III

Les analogies entre les propriétés de la chaleur et de la lumière sont assez nombreuses pour que nous puissions regarder comme identique le mode de production des deux agents, et, par suite, étendre au premier les lois du mouvement du second, lois démontrées par des phénomènes si nets et si nombreux. La chaleur étant le résultat d'un mouvement vibratoire, mouvement transmis des corps à nos organes à l'aide des milieux interposés, et qui, en agissant sur eux, détermine une sensation spéciale, chaque rayon calorifique doit avoir une longueur d'onde particulière, ou, ce qui revient au même, chaque molécule oscillante doit effectuer, dans l'unité de temps, un nombre déterminé de vibrations. Cette longueur d'onde, ce nombre de vibrations, exercent une influence des plus marquées dans le phénomène de la réfraction ou plutôt dans celui de la dispersion qui l'accompagne, la déviation étant d'autant plus grande que la longueur d'onde est moins considérable. Étudions d'abord ce que l'expérience nous apprend à cet égard, sans nous occuper de la valeur absolue de la durée d'oscillation des molécules calorifiques, durée sur laquelle nous reviendrons plus loin. Examinons comment varient cette longueur d'onde et l'amplitude du mouvement atomique qui donne naissance à la chaleur.

Les conclusions auxquelles aboutissent les recherches expérimentales sont les mêmes que pour la lumière. A mesure que la température d'un corps s'élève, les divers rayons calorifiques qu'il émet deviennent de plus en plus nombreux ; la longueur d'onde de ceux qui apparaissent progressivement va continuellement en décroissant, d'où résulte la conséquence que les mouvements oscillatoires dont sont animés les molécules des corps deviennent de plus en plus rapides. D'un autre côté, à mesure aussi que croît la température, l'amplitude des vibrations préexistantes augmente elle-même. Il se produit donc alors un double phénomène : augmentation d'énergie des oscillations primitives, addition de nouvelles oscillations de plus en plus rapides. Le corps chaud devient ainsi le siége d'une infinité de mouvements, de durées et d'amplitudes différentes, coexistant sans se confondre, se propageant du corps aux milieux voisins, qui, les transmettant en proportions inégales, nous donnent le moyen de les isoler les uns des autres.

Pour fixer les idées, concevons un fil de platine dont on élève progressivement la température à l'aide d'un courant électrique ; supposons que cette température soit insuffisante pour rendre le fil visible dans l'obscurité ; faisons passer la chaleur qui en émane à travers un prisme de sel gemme, et mesurons l'intensité du faisceau calorifique obtenu par la réfraction. Le thermomètre se trouve ainsi plongé dans une portion du spectre complètement obscure, qui n'exerce aucune action sur l'œil, mais impressionne néanmoins très sensiblement l'instrument sur lequel elle tombe. Élevons ensuite progressivement la température du fil, et faisons-le passer de l'état tout à fait obscur au rouge sombre, au rouge vif, enfin au blanc éblouissant. Déjà, lorsque le fil possède un degré de chaleur assez élevé, incapable cependant de le rendre visible dans l'obscurité, l'instrument accuse dans le faisceau réfracté une élévation de température qui va constamment en croissant. On peut déduire des nombres fournis par le thermomètre la mesure des amplitudes successives des molécules oscillantes, et on reconnaît sans difficulté que cette amplitude varie dans des limites qui dépendent du degré de sensibilité des instruments dont on se sert, mais qui sont assez étendues puisqu'on a trouvé dans certains cas, pour les valeurs extrêmes, le rapport de dix au moins à l'unité.

D'un autre côté, à mesure que la température du fil s'élève et que les amplitudes du mouvement oscillatoire des premières ondes calorifiques augmentent, il apparaît de nouveaux rayons correspondants à de moindres longueurs d'ondes, dont on reconnaît l'existence en promenant la pile thermoélectrique dans les diverses régions du spectre. Ces mouvements ont peut-être pris naissance en même temps que les premiers; mais leur intensité était alors trop faible pour qu'ils fussent perceptibles au thermomètre; leur amplitude augmente aussi avec la température, et l'ensemble de ces nouveaux rayons vient accroître la chaleur totale émanée de la source. Néanmoins le maximum de température se trouve toujours dans la partie obscure du spectre, au delà des rayons rouges.

Remplaçons le fil de platine par une autre source de chaleur, par la flamme de l'hydrogène pur, et disposons, comme dans le cas précédent, l'instrument thermométrique dans le spectre obtenu par le passage de cette flamme à travers un prisme de sel gemme : les couleurs du spectre sont alors extrêmement faibles, la flamme de l'hydrogène étant très pâle, et l'on est obligé, pour mettre les appareils dans la position convenable, de se servir préalablement d'une flamme brillante, de celle du gaz de l'éclairage, substituée provisoirement à l'hydrogène. Le maximum de température se trouve encore situé dans le spectre presque invisible, au delà des rayons rouges. La température décroît de part et d'autre de cette position, et se trouve presque insensible ou du moins très faible dans la région qui correspond au violet. Ainsi, dans la flamme de l'hydrogène, les ondes calorifiques les plus intenses ou de plus grande amplitude, correspondent à la région obscure située au delà du rouge. Elles sont accompagnées d'autres ondes moins intenses, les unes plus longues, les autres plus courtes, correspondantes par conséquent à des durées du mouvement oscillatoire moléculaire ou atomique, plus considérables pour les premières, plus rapides au contraire pour les secondes. Mais les vibrations à longue période prédominent et constituent la plus grande partie de la chaleur émise par cette flamme. Si maintenant on y introduit un corps solide, un fil de platine ou un fragment de chaux, il se trouve porté à l'incandescence, et la chaleur totale rayonnée est accrue dans une proportion considérable. Ces vibrations à longue période déterminent donc dans le corps solide d'autres vibrations d'une durée inférieure à celles qu'elles possèdent elles-mêmes. La chaleur qui serait perdue par suite de la conductibilité du gaz, se trouve condensée en quelque sorte dans le corps solide d'où elle s'échappe par voie de rayonnement ; mais on observe encore dans ce cas, comme dans les précédents, des mouvements de durées et d'amplitudes très diverses.

L'interprétation des résultats de l'expérience par la doctrine ondulatoire nous donne, on le voit, de précieuses notions sur les mouvements des dernières particules des corps. Elle nous permet d'en avoir une idée plus exacte, d'en saisir le vrai caractère, de les démêler les uns des autres malgré la complication qu'ils présentent. Quel que soit celui des deux phénomènes, chaleur ou lumière, auquel ces mouvements

donnent naissance, que l'on considère, on arrive aux mêmes
conséquences : apparition succesive de mouvements de plus
en plus rapides, augmentation d'amplitude des vibrations
préexistantes. On peut aller plus loin, et déterminer pour
chaque source lumineuse et calorifique la proportion rela-
tive des mouvements qui engendrent, soit la lumière, soit
la chaleur.

Au lieu d'employer la réfraction pour séparer les uns des
autres les rayons calorifiques et lumineux émis par nos sources artificielles, nous pouvons mettre à profit les diatherman-
sies des diverses substances ou les absorptions inégales
qu'elles exercent sur eux. Un choix convenable des milieux
absorbants nous permettra d'isoler, soit les rayons calorifiques, soit les rayons lumineux, et de déterminer la proportion de chacun d'eux dans le rayonnement total. Deux surtout
paraissent devoir nous permettre d'obtenir facilement ce
résultat. Le premier est la dissolution d'iode dans le bi-sulfure
de carbone, dissolution qui, lorsqu'elle est suffisamment
concentrée, arrête tous les rayons lumineux émis par une
source de chaleur et de lumière, tandis qu'elle se laisse traverser par les radiations obscures correspondantes. Le second
est le bi-sulfure de carbone lui-même, parfaitement transpa-
rent, qui n'arrête pas les rayons lumineux et laisse passer
la plupart des rayons calorifiques obscurs. Si l'on interpose
sur le trajet d'un faisceau lumineux et calorifique provenant,
soit d'une spirale de platine plus ou moins chauffée, soit de la
flamme de l'huile ou du gaz, soit des pointes de charbon
d'une lampe électrique, d'abord du sulfure de carbone, puis
ensuite le même liquide additionné d'iode, et si l'on mesure
dans chaque cas la quantité de chaleur transmise, on pourra
déduire de la comparaison des résultats la quantité de lumière
associée à la chaleur dans chacune des sources essayées. Or,
on arrive constamment à cette conclusion que pour toutes

les sources de chaleur et de lumière, les rayons calorifiques
obscurs forment la presque totalité du faisceau. Ainsi, la
solution d'iode n'absorbe rien ou presque rien de la chaleur
émise par un corps chauffé à 100°, par une spirale portée au
rouge obscur, par la flamme de l'hydrogène. Elle ne commence à exercer une absorption sensible que lorsque la
source de chaleur commence elle-même à émettre de la
lumière. Cette absorption est d'environ trois à quatre sur
cent pour la flamme de l'huile ou du gaz, de quatre et demi
pour une spirale de platine chauffée au blanc, et de dix pour
cent lorsqu'on expérimente avec la lumière électrique.

La proportion considérable de chaleur obscure que ren-
ferment les radiations lumineuses et calorifiques se trouve
confirmée par d'autres expériences où l'on peut obtenir en
quelque sorte d'un côté la chaleur, de l'autre la lumière. Si
l'on reçoit sur une lentille de sel gemme ou sur un miroir
argenté les rayons émis par deux cônes de charbon placés
aux deux pôles d'une forte pile, on pourra concentrer tous
ces rayons en un même point, foyer conjugué de la source
rayonnante. Or, si l'on met sur le trajet des rayons une solution opaque d'iode, la lumière disparaît au foyer, mais toute la
chaleur y reste, et quoique invisible, quoique incapable d'agir
sur l'organe de la vue, elle n'en est pas moins assez puissante
pour exercer un action énergique sur toutes les substances.
Le papier, l'amadou, le bois s'y enflamment rapidement. Les
métaux, tels que le zinc, le plomb, le fer y entrent en fusion.
Le charbon, le platine y sont portés au rouge blanc, comme
si la chaleur n'avait éprouvé, en traversant la dissolution
d'iode, aucune diminution dans son intensité.

Si l'on place, au contraire, sur la route suivie par les rayons
émanés de la lampe électrique une dissolution d'alun, dissolution parfaitement claire et transparente, mais qui tout en
se laissant traverser aisément par la lumière est très peu

perméable aux rayons calorifiques surtout aux moins réfrangibles, on obtient au foyer une image lumineuse d'un très
vif éclat, mais dont les effets calorifiques sont extrèmement
peu intenses, et qui tout en exerçant encore une action sensible sur les instruments thermométriques, ne peut ni fondre
les métaux, ni enflammer des substances organiques.

Il est donc démontré par l'expérience que lorsqu'une source
émet à la fois de la lumière et de la chaleur, la proportion
de la première qui accompagne la deuxième, se trouve très
faible relativement à la quantité totale, n'en représentant
que le dixième dans les circonstances les plus favorables.

Quelles conséquences pouvons-nous déduire de ces faits,
observés déjà par Melloni, confirmés et étendus récemment
par les remarquables expériences de M. Tyndall? Que nous
apprennent ces curieuses données de l'observation sur les
mouvements des dernières particules des corps et sur l'action
qu'en éprouvent nos organes?

L'étude attentive des résultats rappelés successivement
dans ce travail, et que l'on peut considérer aujourd'hui comme
bien acquis, conduit d'abord, suivant nous, à cette conclusion ; que la chaleur et la lumière, considérées dans les corps
dont elles émanent, sont une seule et même chose. Parmi les
mouvements en nombre presque infini dont sont doués les
atomes d'une substance qui émet à la fois lumière et chaleur,
distinguons par la pensée ceux qui correspondent à des
rayons lumineux et calorifiques concomitants, ceux par
exemple émis par le sodium en vapeur, et qu'il est naturel
de choisir parce qu'ils sont très peu compliqués, leurs durées
étant comprises entre des limites très rapprochées. Au lieu
de supposer que ce sont deux rayons distincts qui s'accompagnent, deux mouvements indépendants qui se superposent,
il est plus simple d'admettre que c'est le même mouvement
qui produit sur la rétine la sensation de lumière, sur les

autres organes celle de la chaleur. Tâchons de reconnaître si cette assertion est conforme à l'expérience, ou si elle est contredite par elle.

La question de l'identité de la lumière et de la chaleur ne peut être évidemment posée que pour les rayons lumineux et calorifiques concomitants émis par une source à la fois lumineuse et calorifique; au fond, elle se réduit à rechercher si le mouvement, isolé par la pensée, des atomes qui engendrent ces rayons, a la même durée, soit que l'on considère l'émission de la lumière, soit que l'on ait égard à celle de la chaleur. Cette durée du mouvement oscillatoire est intimement liée elle-même avec la longueur d'ondulation des deux rayons dans un milieu donné, dans le vide, par exemple, cette longueur n'étant que l'espace parcouru pendant une vibration complète de l'atome; de sorte que l'on est amené à comparer les longueurs d'ondes des deux rayons lumineux et calorifique considérés. Si cette longueur est différente, les durées du mouvement oscillatoire des molécules qui donnent naissance à la lumière et à la chaleur ne sont pas les mêmes, la chaleur et la lumière sont distinctes l'une de l'autre. Si ces longueurs sont égales, au contraire, les mouvements qui produisent la lumière sont de même période que ceux qui engendrent la chaleur; il n'y a pas lieu dès lors de les distinguer les uns des autres : la chaleur et la lumière sont dues identiquement au même mouvement.

La difficulté serait aisément tranchée si nous pouvions opérer sur un rayon calorifique excessivement délié, comparable, par sa ténuité, aux rayons lumineux que l'on peut en quelque sorte isoler les uns des autres, de manière à mesurer la longueur d'onde de chacun d'eux. Mais nous sommes obligés d'expérimenter sur un faisceau calorifique composé de plusieurs rayons élémentaires, et nous ne pouvons mesurer que la longueur d'ondulation moyenne de l'ensemble, surtout

des plus intenses. Malgré cet embarras, dû à l'imperfection
de nos procédés de mesures thermométriques, les résultats
obtenus jusqu'à présent ne laissent, nous le croyons, aucune
incertitude sur les conclusions définitives.

Les longueurs d'ondes des rayons lumineux sont comprises
entre deux limites : $0^{mm},000360$ et $0^{mm},000750$, qui ont été
déterminées avec précision. Les expériences de diffraction et
d'interférence calorifiques, faites par MM. Foucault et Fizeau,
placent les franges chaudes et froides dans les mêmes lieux
que les franges lumineuses et obscures, et assignent nécessairement à la longueur d'onde moyenne des faisceaux calorifiques qui nous arrivent du soleil, une valeur égale à celle
des rayons lumineux concomitants. On peut donc conclure
d'abord que ces longueurs d'ondulations sont du même ordre
de grandeur pour les deux espèces de rayons.

Remarquons maintenant que la longueur d'onde d'un rayon
intervient dans d'autres phénomènes, notamment dans ceux
de la réflexion et de la réfraction, et influe, dans le premier
cas, sur la quantité de lumière réfléchie, dans le second, sur
la déviation que le rayon éprouve, ou, pour nous servir du
terme propre, sur l'indice de réfraction de la substance. Si
donc nous faisons tomber sur une lame deux rayons lumineux
et calorifique de même direction, aussi isolés que possible,
les proportions de chaleur et de lumière réfléchies devront
être égales ou différentes, suivant l'égalité ou l'inégalité des
longueurs d'ondes de ces deux espèces de rayons. Or, ainsi
que je l'ai dit plus haut, l'expérience donne pour ces proportions des nombres presque identiques dont les différences
sont suffisamment expliquées par les incertitudes des observations. Elle conduit donc à la conclusion que les mouvements incidents sont, dans l'un et l'autre cas, de même
durée.

L'indice de réfraction d'une substance pour un rayon lumineux donné est le rapport des longueurs d'ondulation de ce rayon dans le vide et dans la substance. L'observation fait voir que ce rapport dépend lui-même de la valeur absolue de la longueur d'ondulation dans le vide ; il diminue quand cette longueur d'onde augmente, et s'accroît dans le cas contraire, les moindres longueurs d'onde étant plus raccourcies proportionnellement que les autres quand le mouvement se propage du vide dans la substance. Or, la valeur de cet indice influe sur la quantité de lumière réfléchie dans le sens normal par une plaque transparente à faces parallèles, quantité qui peut être calculée à l'aide d'une formule inutile à rappeler ici. D'un autre côté, les expériences de Melloni ont fait connaître avec une très grande précision l'intensité de la chaleur réfléchie par les deux faces d'une lame mince de sel gemme ou de verre pour toute espèce de rayons et on peut légitimement étendre les conclusions de ces expériences à des rayons élémentaires. Si l'on fait le calcul de la quantité de chaleur qui doit être réfléchie en prenant pour indice de réfraction du verre ou du sel gemme celui fourni par les procédés optiques, on trouve un résultat d'accord avec l'expérience, savoir 0,077.

En résumé, si lon applique à la chaleur les méthodes expérimentales employées en optique et qui supposent connues les longueurs d'ondes des rayons lumineux, on trouve constamment que les longueurs sont les mêmes pour les rayons lumineux et les rayons calorifiques de même réfrangibilité.

Ces considérations nous semblent décisives, et conduisent forcément, à notre avis, à la conclusion que deux rayons calorifiques et lumineux concomitants sont produits par le même mouvement. On ne peut se refuser à l'admettre dès que l'on considère la chaleur comme due à un mouvement vibratoire et que l'on a égard aux résultats des expériences diverses accompagnées de mesures faites par les nombreux observateurs qui se sont occupés de l'étude de cet agent.

Nous admettons, il est vrai, implicitement que la vitesse de propagation de la chaleur dans le vide est la même que celle de la lumière. La longueur d'onde d'un rayon lumineux ou calorifique est égale, en effet, à la vitesse de propagation de la lumière ou de la chaleur dans le milieu considéré, divisée par le nombre des vibrations qu'effectue dans l'unité de temps le groupe atomique ou moléculaire qui lui donne naissance. L'expérience nous fait voir que cette longueur d'onde est la même pour deux rayons, l'un de lumière, l'autre de chaleur, qui éprouvent la même déviation lorsqu'ils passent sous une même incidence du vide dans un milieu. Si nous en concluons que le mouvement atomique est le même pour les deux, nous admettons nécessairement que le troisième terme du rapport, c'est à dire la vitesse de propagation du mouvement dans le vide, est égale de part et d'autre. Or, quoique la vitesse de la chaleur n'ait pu encore être mesurée comme celle de la lumière, soit par des phénomènes astronomiques, soit par des procédés de physique expérimentale, tout ce que nous savons sur l'élasticité autorise à conclure à l'égalité des deux vitesses de propagation, et on tombe, si on refuse de l'admettre, dans des hypothèses invraisemblables.

La vitesse de propagation du mouvement dans un milieu élastique ne dépend, en effet, que de l'élasticité et de la densité de ce milieu, et nullement de la grandeur absolue de l'ébranlement moléculaire qui lui donne naissance, lorsqu'il s'agit d'ébranlements de même ordre, ce qu'on ne peut se refuser à admettre pour la lumière et la chaleur, qui, ainsi que nous l'avons vu, se succèdent et s'accompagnent constamment. Il y a donc de fortes raisons théoriques pour penser que les vitesses de propagation des deux agents sont les mêmes.

De plus, la longueur d'onde étant la même de part et

d'autre, il faut nécessairement, si les vitesses de propagation ne sont pas égales, que les nombres d'oscillations moléculaires varient dans le même rapport que ces vitesses elles-mêmes. Si, pour fixer les idées, nous considérons la portion lumineuse du spectre solaire, laquelle est calorifique à l'extrémité la moins réfrangible, très chimique à l'extrémité opposée, il faudrait admettre que ces trois espèces de rayons qui se superposent sont engendrés : ceux de lumière, par des mouvements dont la vitesse de propagation et la longueur d'onde nous sont connues directement; ceux de chaleur, par d'autres mouvements d'une durée plus considérable, par exemple, et qui se propageraient aussi moins rapidement; de telle sorte que le nombre des oscillations effectuées dans l'unité de temps étant, pour les mouvements de cet ordre, la moitié de ce qu'il est pour la lumière, la vitesse de propagation se trouverait aussi réduite à moitié; une conclusion analogue devrait être appliquée aux mouvements qui engendrent l'action chimique. On conviendra qu'il faudrait de fortes raisons pour admettre qu'il en est ainsi.

Nous sommes donc amenés à conclure qu'une source de chaleur et de lumière émet, en réalité, de la chaleur seule, qui peut être distinguée en chaleur obscure ou chaleur proprement dite, et chaleur lumineuse ou simplement lumière. Quoique les motifs que nous venons de donner de l'existence de la chaleur lumineuse nous semblent péremptoires, il n'est pas néanmoins sans intérêt d'indiquer et de discuter deux objections qui peuvent être soulevées, et qui doivent être éclaircies si l'on veut que l'identité de la lumière et de la chaleur soit admise sans difficulté.

Comment se fait-il, en premier lieu, que la chaleur lumineuse n'influence pas toujours nos thermomètres, ainsi que cela devrait arriver constamment dans l'hypothèse de l'identité des deux agents?

Comment se fait-il, en second lieu, qu'il existe de la chaléur obscure? Pourquoi n'impressionne-t-elle pas la rétine, surtout lorsqu'elle est capable d'exercer une action énergique sur des substances inertes?

Il semblerait, en effet, d'abord, si la lumière n'est autre chose que de la chaleur, qu'un effet thermométrique sensible doit toujours accompagner la production d'une image lumineuse un peu intense, conséquence contredite par l'observation. La lumière de la lune, même concentrée au foyer de lentilles ou de miroirs, influence nos thermomètres d'une quantité tellement faible, que son action a été niée pendant longtemps. De même, en interposant sur le trajet des rayons lumineux émis par nos sources artificielles des substances convenablement choisies, on peut enlever, ainsi que nous l'avons vu, presque toute la chaleur, sans diminuer notablement la lumière transmise. Mais il faut remarquer d'abord que la proportion de chaleur lumineuse contenue dans la radiation des sources connues, est toujours une fraction peu considérable de la totalité, le dixième dans les circonstances les plus favorables; de sorte qu'on peut attribuer cette apparente nullité d'action au peu de sensibilité de nos instruments, qui accusent la présence d'une source de chaleur dans les cas seulement où celle-ci possède un certain degré d'intensité.

De plus, nos appareils et nos organes, nos thermomètres et la rétine, sont tellement différents les uns des autres sous le rapport de la sensibilité, que l'on ne peut vraiment déduire du silence des premiers, lorsqu'ils sont soumis à l'action de quantités de lumière nettement accusées par les seconds, une objection sérieuse à l'identité des deux agents lumineux et calorifique.

De toutes les sources de chaleur essayées, la lampe électrique est celle qui éprouve la plus forte diminution par l'absorption de l'iode dissous dans le bi-sulfure de carbone:

la perte est d'un dixième de la chaleur totale; de sorte que
la chaleur non lumineuse vaut neuf fois au moins la chaleur
et la lumière qui sont absorbées. D'un autre côté, la lumière
émanée de la pile est, dans les conditions ordinaires, équivalente à celle de 560 bougies; la chaleur non lumineuse
contenue dans le faisceau est donc égale à celle de 9 fois 560,
ou 5000 bougies au moins. Cette chaleur, reçue à un mètre
de distance sur la pile thermo-électrique, le plus sensible de
nos thermomètres, ne produirait qu'un effet très faible si l'on
réduisait son intensité au $\frac{1}{10000}$ de sa valeur, c'est à dire si
elle n'était équivalente qu'à la moitié de l'énergie lumineuse
d'une bougie. Mais l'organe de la vue est non seulement très
impressionné par une telle lumière, il est encore sensible à
celle d'une seule bougie située à 100 mètres de distance, en
supposant que l'air interposé n'exerce pas d'absorption appréciable, c'est à dire à une intensité égale tout au plus à la
cinq millième partie de celle qui est à peine capable
d'impressionner nos instruments thermométriques les plus
délicats.

La seconde difficulté, celle de l'insensibilité de la rétine
pour la chaleur obscure, serait très grave si la sensation de
la vision dépendait uniquement de la quantité de force vive
communiquée à la rétine; mais il faut ici interroger les
propriétés de l'organe. Or, tout porte à croire que cette
sensation dépend non de la quantité de mouvement communiquée, mais de la durée des oscillations ou du nombre des
vibrations perçues dans un temps déterminé. D'après les
expériences de M. Janssen, sur cent rayons calorifiques
émanés d'une lampe à modérateur qui tombent sur la cornée
transparente, quatre sont réfléchis, quatre-vingt-huit sont
absorbés par les milieux de l'œil, et huit pénètrent jusqu'à la
rétine. D'après celles de M. Frantz, le maximum de température des rayons d'un spectre solaire transmis à travers une

couche d'eau dont la diathermansie, ainsi que cela résulte encore des mesures très précises de M. Janssen, est la même que celle des milieux de l'œil, se trouve dans l'orangé ; et, de plus, des rayons provenant de la partie obscure située au delà du rouge sont transmis en quantité très appréciable. Nous devons en conclure que les rayons ultrà-rouges d'un spectre calorifique fourni par une source obscure ou lumineuse traversent en nombre sensible les milieux de l'œil, et arrivent jusqu'à la rétine. Celle-ci, malgré sa sensibilité, ne dénote pas la sensation de la lumière, quoique d'autres rayons voisins, d'une intensité peu différente, comme l'indiquent les déviations galvanométriques, mais d'une moindre longueur d'onde, la fassent naître sans difficulté. Quelle que soit la cause de cette singulière propriété, qu'il faille l'attribuer à une tension maintenue constamment entre des limites déterminées ou à une structure spéciale des nerfs qui la composent, la rétine paraît se comporter comme un corps susceptible de vibrer à l'unisson de mouvements ondulatoires d'une certaine durée, et qui n'obéit pas à des périodes d'une durée plus longue ; elle cède, dans le premier cas, à l'action d'une force vive infiniment petite, et résiste, dans le second, à des quantités de mouvement beaucoup plus considérables.

Il paraît même, d'après les dernières expériences de M. Tyndall, que si l'on reçoit dans l'œil le faisceau des rayons émanés d'une lampe électrique, dépouillés de la partie lumineuse à l'aide d'une solution opaque d'iode, et rendus convergents par une lentille, on ne ressent aucune impression, on ne s'aperçoit nullement de la présence du faisceau calorifique, pourvu toutefois qu'il tombe sur la rétine seule et nullement sur les parties voisines, car autrement la sensation de chaleur devient intolérable, ce qui ne présente rien d'étonnant d'après les actions énergiques que peut développer le calorique concentré au foyer. Mais ces expériences ne me sont connues que par la traduction, dans le numéro du 19 janvier dernier, du journal *les Mondes,* d'un article du *Philosophical Magazine.* Elles soulèvent une objection grave : celle de la non altération des milieux de l'œil par un faisceau de chaleur capable de brûler du papier, de fondre du zinc, de rendre incandescentes des lames de platine et de charbon. Il m'a paru convenable d'attendre la publication du Mémoire original du célèbre physicien anglais.

Il fallait donc avoir égard, dans cette question, ainsi qu'on pouvait le prévoir *à priori*, à deux choses bien distinctes : il fallait étudier, en premier lieu, le mode de production de l'agent, soit chaleur, soit lumière ; et, en second lieu, l'état de l'organe qui reçoit le mouvement communiqué et le transmet, d'où résulte la sensation perçue. De ces deux questions, la première a été assez approfondie pour que nous puissions, dans l'état actuel de la science, émettre quelques assertions très probables sur la cause immédiate de ces deux agents, sur l'état dans lequel se trouvent les atomes des corps chauds ou lumineux. La seconde est d'un ordre tout différent ; elle exigera, pour être éclaircie, le concours de la physiologie expérimentale. Mais d'après les résultats curieux que je viens de rappeler, on peut prévoir que des travaux convenablement dirigés dans cette voie conduiront à des découvertes d'un haut intérêt.

Nous arrivons donc à la conclusion, qu'il n'y a pas de différence essentielle entre les états des corps qui émettent de la chaleur seule, ou bien chaleur et lumière en même temps ; dans les deux cas, il y a mouvement oscillatoire, ou plutôt un ensemble de tels mouvements, de durées et d'amplitudes très diverses, qui passent probablement par tous les ordres de grandeur entre deux limites déterminées. De ces mouvements, les uns peuvent agir sur les corps inorganiques, faire varier les distances mutuelles de leurs molécules, y faire naître des courants électriques; ils peuvent aussi impressionner nos organes, et nous donner la sensation de chaleur. Les autres, moins intenses, jouissent des mêmes propriétés que les premiers, mais peuvent, en outre, déterminer dans l'œil la sensation de lumière. Si les impressions produites par le même mouvement sur nos organes sont différentes, il faut en rechercher la cause dans l'état de ces organes eux-mêmes, dans leur constitution et leurs propriétés.

IV.

Les recherches faites jusqu'à présent sur le mouvement vibratoire qui donne naissance à la lumière et à la chaleur n'établissent pas seulement la réalité de ce mouvement. On peut, dans certains cas, assigner avec une assez grande probabilité la durée des oscillations lorsqu'elles sont uniques, et, lorsqu'elles sont multiples, la durée de celles qui ont la plus grande amplitude, ou, ce qui revient au même, la plus grande intensité; on peut fixer, en un mot, la période de celles qui sont prédominantes, qui donnent au corps considéré comme source de chaleur et de lumière son caractère distinctif. Presque constamment les corps exécutent un ensemble d'oscillations de durées diverses; leurs atomes se partageant probablement en groupes dont chacun vibre avec une durée et une amplitude déterminées. Pour quelques-uns, les diverses périodes accusées par l'observation sont peu nombreuses. Ainsi, le sodium en vapeur exécute des oscillations dont la longueur d'onde répond à la double raie D du spectre solaire, et se trouve avoir, par conséquent, 588 millionièmes de millimètre. Pour le potassium, on trouve trois raies : la première rouge, la seconde bleue, la troisième violette; pour le thallium, une raie verte; pour le rubidium, une raie rouge; toutes caractéristiques et corres-

pondant, par conséquent, à des mouvements bien déter-
minés.

Mais un très grand nombre de corps, portés à une haute
température, sont le siége d'une multitude de mouvements
dont les durées paraissent varier par degrés insensibles entre
certaines limites, et dont les amplitudes ne sont pas les
mêmes pour tous, à en juger du moins d'après les intensités
des rayons lumineux qu'ils émettent. Que se passe-t-il à
mesure que la température du corps s'élève? L'expérience fait
voir d'abord que les mouvements dont nous pouvons constater
l'existence au-dessous de la chaleur rouge croissent en intensité avec la chaleur elle-même. Les limites de l'accroissement
d'amplitude dépendent de la sensibilité des appareils de
mesure. Avec un fil de platine porté progressivement à l'incandescence à l'aide d'un courant électrique, M. Tyndall a pu
reconnaître nettement que les oscillations correspondantes
aux rayons rouges obscurs varient en amplitude dans le
rapport de onze à l'unité. Pour les rayons lumineux, elles
sont certainement plus étendues, quoique nous manquions,
sur ce point, de mesures précises, si l'on songe à la sensibilité
de la rétine et à la facilité avec laquelle elle est impressionnée
par des rayons peu intenses.

Ces mouvements paraissent dépendre surtout de la nature
des corps; ils sont probablement influencés, mais dans des
limites assez restreintes, par les forces moléculaires : l'état
sous lequel s'offre à nous la substance expérimentée n'apporte
qu'une faible modification à la durée des oscillations atomiques qui constituent la chaleur.

Cette conséquence curieuse résulte d'une relation qui existe
entre les pouvoirs absorbant et rayonnant d'un corps pour
une même espèce de chaleur. On sait depuis longtemps que
ces deux pouvoirs sont égaux. Mais si l'on examine cette loi
dans ses rapports avec le mouvement vibratoire, on est

amené à regarder comme très probable que les vibrations qui s'éteignent dans une substance lorsqu'elles arrivent à sa surface, et qui, par suite, ne sont pas transmises, doivent être isochrones avec celles de la substance elle-même ; l'amplitude de ces dernières doit alors augmenter dans un rapport ordinairement trop faible pour que nos appareils puissent l'accuser nettement. Les vibrations de période plus longue ou plus courte se propagent à travers la substance, et constituent le faisceau émergent.

D'un autre côté, l'observation fait voir que les rayons calorifiques émis par la vapeur d'eau fortement chauffée, sont absorbés en très grande proportion par la vapeur d'eau à la température ordinaire. D'où résulte la conséquence que, dans ces deux corps dont les molécules sont de même nature et ne diffèrent que par l'état de chaleur, la durée des vibrations est la même. De même l'acide carbonique absorbe énergiquement les rayons émis par la flamme de l'oxyde de carbone ; l'acide sulfureux ne se laisse traverser que par une fraction peu considérable des rayons calorifiques émis dans la combustion du bi-sulfure de carbone. Les vibrations atomiques de l'acide carbonique et de l'acide sulfureux sont donc de même période pour chacune de ces substances respectivement, soit qu'on les prenne à la température ordinaire, ou à celle beaucoup plus élevée à laquelle elles se trouvent portées lorsque l'oxyde de carbone ou le carbure de soufre se combinent avec l'oxygène.

Si ces vues théoriques se confirment, l'étude des pouvoirs absorbants fournira le moyen, unique peut-être, de déterminer la durée des mouvements vibratoires des corps, à moins que l'on ne rencontre des combinaisons thermo-électriques beaucoup plus sensibles que celles qui servent de base aux appareils actuels.

L'élévation de température fait, en outre, apparaître de

nouvelles ondes de plus en plus courtes, lesquelles correspondent à la naissance de mouvements de plus en plus rapides. Ces nouveaux mouvements préexistaient-ils dans la substance et étaient-ils seulement insensibles à nos organes et à nos appareils, ou bien n'apparaissent-ils réellement qu'à un certain degré de chaleur? Cette question, qui peut avoir de l'intérêt au point de vue de la constitution des corps, importe moins lorsqu'on se propose uniquement de rechercher les modifications éprouvées par les atomes de la substance. Quoi qu'il en soit, ils paraissent encore dépendre de la nature du corps échauffé. La vapeur d'eau obtenue par la combustion de l'hydrogène pur émet des vibrations à longue période, dont quelques-unes seulement sont capables d'agir sur l'organe de la vue. Lorsqu'on plonge un corps solide dans cette flamme, les mouvements moléculaires de celle-ci se communiquent à sa masse, mais ils revêtent un autre caractère. Les oscillations du corps solide ainsi porté au blanc, paraissent être les mêmes que celles qu'il posséderait s'il avait été chauffé de toute autre façon, soit à l'aide d'une autre flamme, soit à l'aide d'un courant électrique ; elles lui sont propres, ont des durées et des amplitudes spéciales qui très probablement dépendent de la nature de ses molécules. On voit ici des mouvements de longue durée en faire naître d'autres d'une durée plus courte, de même qu'en plongeant certaines substances, une dissolution d'un sel de quinine, par exemple, dans la partie la plus réfrangible du spectre, on détermine la production de mouvements oscillatoires d'une plus longue durée.

Enfin, les rayons émis par les corps portés à une haute température jouissent encore de la propriété de déterminer certaines combinaisons chimiques, et cette action est même une des causes les plus puissantes de la végétation, et se trouve ainsi contribuer à l'entretien de la vie sur le globe. On a vérifié depuis longtemps que ces rayons chimiques offrent les mêmes propriétés que leurs congénères lumineux et calorifiques, et doivent, par conséquent, être attribués comme eux à un mouvement ondulatoire dans la source dont ils émanent. Mais je ne me propose pas ici d'approfondir les conséquences qui en résultent.

On arrive donc à cette conclusion générale, que nos sources naturelles et artificielles de chaleur et de lumière sont le siége de mouvements très rapides, de durées et d'amplitudes variables, qui coexistent sans se confondre, se propagent par ondes, produisent sur nos organes des impressions qui dépendent de l'état de ces organes eux-mêmes, et, sur les corps, des effets modifiés de l'un à l'autre par les vibrations propres à ces corps, vibrations dont la durée est déterminée surtout par l'espèce des molécules ou des atomes qui les constituent. L'étude de ces mouvements, considérés soit dans les sources de chaleur, soit dans les corps qui la reçoivent, doit être l'objet des recherches futures. Tout permet d'espérer que la nouvelle voie dans laquelle entre actuellement la science, après des tentatives qui datent aujourd'hui de plus d'un siècle, étendra le champ déjà bien vaste de nos connaissances, et que si l'exploration de contrées encore inconnues doit être ardue et entourée de difficultés, les conquêtes qui en seront le fruit offriront un ample dédommagement aux sacrifices qu'elle aura exigés.

Bordeaux, imp. G. Gounouilhou, r. Guiraude, 11.

www.ingramcontent.com/pod-product-compliance
Lightning Source LLC
Chambersburg PA
CBHW060446210326
41520CB00015B/3865